Collège Expérimental d'Aviculture de Château-Thierry

Château de Blesmes

Cours Complet
par correspondance

Vingt-troisième Leçon

Collège Expérimental d'Aviculture
de Château-Thierry

Château de Blesmes

Cours Complet
par correspondance

L'Administration d'un Etablissement Avicole

Comptabilité de l'Installation avicole - Débit et Crédit - L'Inventaire annuel - Comment acheter, comment vendre, comment conduire le personnel - Causes de succès et d'insuccès - Prudence et hardiesse - Travail - Economie - Ordre - Méthode - Bibliographie française et étrangère - Conclusion.

COMPTABILITE DE L'INSTALLATION AVICOLE

Un bon aviculteur doit être à la fois un bon éleveur, un bon comptable, un bon commerçant. Trop de débutants l'ont oublié et ont échoué lamentablement, car ils ne réunissaient pas toutes ces qualités. Il est assez rare en effet de les réunir et cependant vous n'avez aucune chance de réussir si vous n'avez pas toutes les capacités nécessaires pour mener à bien votre entreprise.

Cependant comme la technique avicole, la technique commerciale s'enseigne et pour peu que vous ayez une intelligence ouverte — ce dont nous ne doutons pas — vous acquérerez vite les quelques connaissances nécessaires pour faire un bon commerçant.

Avant tout, vous devez avoir soin de votre comptabilité. Une entreprise avicole bien menée ne peut se passer d'une comptabilité en règle.

Plus que dans toute autre entreprise, la porte est ouverte au gaspillage, aux pertes de toutes sortes. Il faut surveiller de très près la marche de l'affaire et pour cela il vous faut une comptabilité sérieuse.

Il vous faut aussi acheter à propos des matières premières, c'est-à-dire vos nourritures, vos œufs à couver, vos poussins, il vous faut vendre au meilleur prix possible les produits de votre exploitation. Pour cela soyez instruit dans toutes les pratiques commerciales. Apprenez à connaître les ressources de votre pays, ce qu'il peut vous fournir de meilleur et de meilleur marché, ce que vous pouvez y écouler au plus haut prix. Pour réussir il faut acheter bon et à bon compte et vendre meilleur au plus haut prix possible. Cela ne veut pas dire qu'il faut vendre trop cher. Non : il faut au contraire chercher à vendre moins cher que les concurrents. Mais, il faut vendre au moment où les produits se vendent cher. Essayez par exemple de vendre la plupart de vos œufs l'hiver. Pousser la production pendant cette saison, c'est agir en bon commerçant.

Pour vous enseigner quelques principes de comptabilité avicole, nous prendrons comme exemple la comptabilité de la ferme de 1.000 pondeuses dont il est question dans la leçon 17.

Nous tiendrons cependant compte des prix de 1925, et non plus de 1923, indiqués dans cette leçon.

NOTIONS DE COMPTABILITE AVICOLE

Le Compte. — Vous devez tenir compte de toutes les opérations et manutentions effectuées dans votre élevage. Tout échange entre vous et vos fournisseurs ou vos clients, toute transformation de produit, de matière, fait l'objet d'un compte.

Le compte est double : il porte le nom d'une chose : caisse, magasin, matériel, pertes, profits, ou d'une personne : Léon, Charles, Adrien, qui est client ou fournisseur. Une partie de ce compte est appelé le DOIT, l'autre L'AVOIR, ou débit et crédit. Le Doit ou débit est écrit en tête et à gauche du compte, le crédit ou avoir, à droite.

Le DOIT d'un compte de personne ou de chose indique que cette personne ou cette chose ont reçu.

L'AVOIR d'un compte de personne ou de chose indique que cette personne ou cette chose ont donné.

Exemple :

Doit			PAUL		*Avoir*
DATE D'INSCRIPTION	LIBELLÉ D'OPÉRATION	SOMMES	DATE D'INSCRIPTION	LIBELLÉ D'OPÉRATION	SOMMES
Janv. 1	Ma facture	100 »»	Févr. 1		50 »»
			Mars. 1		50 »»

Paul est votre client. Vous lui avez vendu le 1ᵉʳ janvier 100 fr. de marchandises. Il les doit, vous portez donc cette facture à son débit, car *il a reçu* la marchandise. Le 1ᵉʳ février et le 1ᵉʳ mars il vous paie à raison de 50 francs à chacune de ces dates. Il donne donc 50 francs que vous portez chaque fois à son crédit ou avoir.

Entrée - Recette sont synonymes de débit ou doit ;

Sortie - Dépense sont synonymes de crédit ou avoir.

Les classes de compte. — Il y a deux grandes classes de comptes : les comptes de choses, les comptes de personnes. Les comptes de personnes représentent les clients et les fournisseurs, les comptes de choses représentent l'exploitation elle-même sous ses différents aspects : marchandises, matériel, numéraire, cheptel ; et ses résultats : Pertes - Profits.

Les comptes doivent concorder entre eux. Un compte débite ou crédite toujours un autre compte.

Ainsi, si vous vendez à Paul, 100 francs d'œufs, c'est le compte marchandises ou œufs (qui est une partie du compte marchandises) qui débite ce compte. Vous inscrivez donc les 100 francs d'œufs au crédit du compte œufs, car il donne.

Tout échange implique donc deux écritures inverses dans les comptes intéressés. Les débits et les crédits doivent donc toujours être égaux sur vos livres. Ceci vous permet une vérification constante de votre comptabilité.

Le but de cette comptabilité, dite en parties doubles, est de permettre précisément cette vérification constante et partant de faire un exposé clair et permanent de la situation de l'élevage.

Cette comptabilité est d'ailleurs simple et nous la simplifierons, s'il est possible, encore plus dans une exploitation avicole.

Séries de Comptes. — Nous avons distingué deux classes. Les comptes de personnes sont, avons-nous dit, de deux sortes : clients et fournisseurs. Les comptes de choses sont de nature plus diverses : nous devons les diviser en séries pour les reconnaître :

1re SÉRIE. — *Le Compte du Capital.*

2e SÉRIE. — *Les Comptes des valeurs composant l'inventaire.* Cette série comprend : les fonds de commerce, les immeubles, le mobilier, le matériel, l'outillage, les frais de premier établissement ; la caisse, les effets à recevoir, les effets à payer, les titres, le magasin, les achats, les produits (œufs, poulets, plumes, duvet, etc....), les constructions, la main-d'œuvre, les frais généraux.

3e SÉRIE. — *Les comptes des résultats* (ventes, pertes et profits, rabais, escompte, etc...)

Nous ne pouvons étudier ici la nature de chacun de ces comptes. sans dépasser notre cadre. Nous ne pouvons qu'étudier les principaux et ceux surtout qui sont particuliers à une exploitation avicole.

Le Compte Capital représente le capital engagé ; il est crédité de toutes les sommes qui figurent au débit des comptes d'inventaire lors du premier inventaire. Il représente donc le total des sommes engagées dans l'entreprise.

Les comptes Immeubles, Mobilier, Matériel, sont débités du prix de revient de ces choses.

Les comptes Caisses, Effets à payer et à recevoir, Titres, Marchandises, sont débités ou crédités au fur et à mesure des opérations selon la nature de celles-ci.

Nous devons agir de même avec les comptes de personnes et les comptes frais généraux, main-d'œuvre, ventes, achats, etc...

Nous entendons par frais généraux : l'intérêt du capital, le loyer, l'éclairage, le chauffage, les frais de transports, de manutention, de bureau, de correspondance, de force motrice, d'entretien d'immeubles et de matériel, etc... Vous pouvez décomposer ce compte en sous-comptes, pour mieux suivre la marche des affaires.

Le compte marchandises comprend les matières premières (aliments, chauffage) destinés à votre basse-cour, mais non les produits à vendre.

Constituez pour ces produits des comptes de production spéciaux : œufs, poulets de table ; œufs à couver, reproducteurs, poussins, plumes et duvet. autant que vous en aurez besoin pour bien suivre votre entreprise.

Ayez un compte cheptel débité de la valeur de vos animaux

achetés, et des frais d'entretien de ces animaux, crédité lors des ventes de sujets.

Vous débiterez chaque soir ces comptes de la valeur de vos produits au prix de revient.

Vous créditerez un compte général : *Production* du total de ces débits.

Ayez un compte *Ventes.* Quand vous vendrez, vous le débiterez au prix de revient, tandis que vous en créditerez les comptes de production et de cheptel de la même valeur.

Vous créditerez le compte Ventes, du prix de vente de votre marchandise :

Exemple :

I. — COMPTE : ŒUFS POUR LA CONSOMMATION

Débit   *Crédit*

DATES	DÉTAILS PRODUCTION	SOMMES	DATES	DÉTAILS	SOMMES
Janv. 31	120 œufs à 0.40 ...	48.»»	Fév. 2	par ventes : 180 œufs à 0.40.....	72.»»
Fév. 1er	60 œufs à 0.40....	24.»»			72.»»
		72.»»			

II. — COMPTE : VENTES

Débit   *Crédit*

DATES	DÉTAILS	SOMMES	DATES	DÉTAILS	SOMMES
Fév. 2	à œufs cons.	72.»»	Fév. 2	par clients : 180 œufs à 0.50.....	90.»»

La différence entre 72 et 90 appelée solde, exprime le bénéfice brut. En ce cas, le solde est créditeur. S'il y avait solde débiteur il y aurait perte.

Les Livres. — Quels sont les livres sur lesquels on écrit les comptes ?

La loi prescrit : le *journal,* sur lequel on inscrit à la suite les unes des autres sans blanc, lacune, ni transport en marge, les opérations de commerce.

Le grand-livre sur lequel sont inscrits les comptes..

La balance des comptes ou livre d'Inventaires.

Le journal est rédigé au fur et à mesure des opérations au moyen d'articles en parties doubles.

EXEMPLE : Reprenons l'opération ci-dessus. Elle sera inscrite ainsi au journal :

31 JANVIER 1926

Œufs..	48	
à *Production*, pondus ce jour, 120 œufs à 0,40.		48 »»

1ᵉʳ FÉVRIER 1926

Œufs.	24	
à *Production*, pondus ce jour, 60 œufs à 0,40.		24 »»

2 FÉVRIER 1926

VENTES	72	
à œufs, 180 œufs.		72 »»

2 FÉVRIER 1926

CLIENTS.	90	
à VENTES, achat PAUL 180 œufs.		90 00

C'est d'après ce journal que vous établirez les comptes de votre Grand-Livre. Le compte débité est inscrit en tête sur le journal et donne au compte crédité (clients *à* ventes) qui est placé sur la ligne du dessous et un peu à droite.

Le Livre des Inventaires contient les inventaires annuels, c'est-à-dire les états des biens de l'exploitation en quantité et en francs.

L'Inventaire annuel. — Chaque année vous faites la balance de vos comptes sur votre grand-livre au moment où vous produisez le moins (c'est-à-dire en septembre ou octobre dans un établissement de pondeuses).

Pour faire cette balance, vous additionnez les débits, les crédits de chaque compte, et vous tirez les soldes qui sont ou débiteurs ou créditeurs. La somme des débits de tous vos comptes doit égaler la somme des crédits si votre livre a été bien tenu. S'il y a une erreur, recherchez-là. Votre balance doit être juste.

Portez au débit du compte frais généraux et au crédit des comptes Matériel, Mobilier, Immeubles, les amortissements que ces choses comportent (selon le temps pendant lequel vous pensez les amortir).

Faites un inventaire matériel de tout ce que vous possédez et portez à un compte *Profits et pertes*, les pertes et dépréciations subies par les comptes : matériel, marchandises, cheptel vif, etc... en créditant ces comptes et en débitant le compte nouveau.

Vous pourrez arrêter alors votre compte : *Résultats de l'Exercice*, de la façon suivante :

Débitez ce compte du solde débiteur, profits et pertes, ou créditez-le de son solde créditeur.

Créditez-le des soldes créditeurs des comptes ventes et frais généraux.

Vous tirez le solde du compte,

Résultats de l'Exercice et vous pouvez établir votre balance définitive.

Cette balance définitive s'appelle : *le Bilan*. Nous en donnerons plus loin un modèle.

Vous voyez qu'à n'importe quelle époque de l'année vous pouvez arrêter vos comptes et faire votre balance. Cette opération vous renseigne immédiatement sur la marche de votre entreprise. Votre comptabilité ainsi faite permet donc la permanence de l'Inventaire, indispensable dans toute exploitation avicole où on a un si grand intérêt à suivre de près toutes les opérations.

Cette comptabilité est claire et, somme toute, très simplifiée. Vous en trouverez d'ailleurs tous les détails appliqués au commerce général dans « Comptabilité et Notions de Commerce » ,d'Eugène Léautey, librairie Ch. Delagrave, 15, rue Soufflot.

Nous nous contentons ici d'un exposé général de ce mécanisme comptable, exposé suffisant au débutant et que l'aviculteur industriel pourra compléter à son profit en consultant le livre cité plus haut.

Nous allons appliquer ce système à notre ferme de 1.000 pondeuses en tenant compte des résultats annuels.

COMPTABILITE D'UNE FERME INDUSTRIELLE
DE 1.000 PONDEUSES

Nous comptons au prix de 1925 et non plus aux prix de 1923.

Le compte capital va être crédité des frais d'achat de propriété, de matériel, d'outillage, fonds de roulement.

IMMEUBLES :   Achat d'une propriété.............   40.000   40.000

MATÉRIEL :

        Clôtures....................   7.000
        Poulailler de ponte 24.000
        Poussinière...................   6.000
        Isolement....................   1.500
        Fumier......................   1.000
        Salle de service 5.000
        Installation électrique 1.000

                            TOTAL..... 45.500   45.500

OUTILLAGE :   Divers 4.000   4.000

MARCHANDISES : Nourritures et chauffage d'avance   5.000   5.000

CAISSE :   Fonds de roulement............... 30.000   30.000

                            TOTAL.....   124.500

Le journal sera donc rédigé au début comme suit :

1er MARS 1926

A CAPITAL. 124.500

    Immeubles......................... 40.000
    Matériel.......................... 45.500
    Outillage.........................   4.000
    Marchandises......................   5.000
    Caisse............................ 30.000

Vous devez amortir votre immeuble, votre matériel, votre outillage. Chaque année, vous retirerez donc de votre bénéfice, les sommes affectées à ces amortissements.

Amortissez votre immeuble en 20 ans, votre matériel en 10 ans, votre outillage en 3 ans environ.

Prélevez donc sur votre bénéfice :

5 % de la valeur des immeubles ;

10 % de la valeur du matériel ;

30 % de la valeur de l'outillage ;

soit dans le cas qui nous intéresse :

2.000 francs pour l'immeuble ;

4.550 francs pour le matériel ;

1.320 francs pour l'outillage.

Vous passerez donc en fin d'année sur votre journal et votre grand livre l'article suivant :

28 FÉVRIER 1927

Résultats de l'Exercice 1926....................... 7.870
    à Amortissements : 2.000 immeuble
                4.550 matériel
                1.320 outillage   7.870
                ——————
                7.870

Ce compte disparaîtra progressivement de vos livres, sauf dans le cas d'acquisition de nouveaux immeubles, de nouveau matériel, de nouvel outillage.

Vous devez aussi servir un intérêt à votre capital (que vous pourriez placer ailleurs).

Rétribuez ce capital à 7 % ;

Soit 8.715 francs par an pour lesquels vous passez aussi en fin d'année l'article suivant :

28 FÉVRIER 1927

Résultats de l'Exercice 1926......................... 8.715
    à Intérêts sur le Capital......................... 8.715

Nous supposons qu'en dehors de ces écritures purement comptables toutes les opérations ont été portées normalement sur les livres. Ces opérations ont été ainsi résumées dans la leçon 17 :

2ᵉ ANNÉE D'EXPLOITATION

DEPENSES

(1) Prix de 1925 :

Achat de 2.500 poussins à 5 fr.	12.500
Nourriture, chauffage de poussins	9.000
Nourriture des poulettes	9.000
Paille, désinfectant	1.000
Nourriture des adultes	16.000
Nourriture des jeunes conservés	13.000

RECETTES

Vente de 600 coquelets	9.000
Ponte d'été des poulettes	45.500
Ponte d'hiver des poules	8.400
Ponte d'hiver des poulettes	21.000
Vente de volailles	12.000

Il serait un peu long de vous transcrire la comptabilité de cette ferme de pondeuses pendant une année.

Nous allons réduire notre exemple à un mois.

Nous supposons que votre exercice part du 1ᵉʳ mars et se termine le 31 mai.

Vous ferez le 1ᵉʳ mars un inventaire d'entrée que vous rédigerez ainsi :

INVENTAIRE D'ENTRÉE

Actif (réel)		*Passif (fictif)*	
Immeuble.	40.000	Capital.	124.500
Matériel.	45.500		
Outillage.	4.000		
Marchandises.	5.000		
Espèces en caisse.	30.000		
Total de l'actif. . . .	124.500	Total du passif.	124.500

Si vous aviez emprunté une partie de votre capital, vous auriez porté cette créance en passif (réel) et votre chiffre de capital aurait été diminué d'autant.

Afin de vous guider dans les inscriptions faites au journal et au grand-livre nous allons énumérer les opérations d'achat, de ventes, de production durant ce trimestre, en notant en tête de chaque opération les comptes intéressés.

1ᵉʳ MARS.	— Caisse - Cheptel vif : Achat de 500 poussins à 5 fr.	2.500
5 MARS.	— Marchandises - Caisse : Achat charbon	3.000
8 MARS.	— Frais généraux - Caisse : Achat de timbres et papier à lettres.	10
15 MARS.	— Caisse - Chepte vif : Achat de 1.000 poussins à 5 fr.	5.000
20 MARS.	— Caisse - Frais généraux : Achat de paille et désinfectants.	500
25 MARS.	— Caisse - Cheptel vif : Achat de 1.000 poussins à 5 fr.	5.000
31 MARS.	— Marchandises - Cheptel vif : Nourriture poussins pendant le mois.	1.202
15 AVRIL.	— Marchandises - Cheptel vif : Nourriture de la quinzaine.	2.000
15 AVRIL.	— Caisse - Frais généraux : Frais de correspondance et divers.	50
20 AVRIL.	— Caisse et marchandises : Achat nourriture	9.000
30 AVRIL.	— Marchandises - Cheptel vif : Nourriture de la quinzaine.	1.580
10 MAI.	— Cheptel vif - Pertes et profits : Poussins et poulets morts à cette date.	300

15 MAI.	— Marchandises - Cheptel vif :	
	Nourriture de la quinzaine......................	2.218
20 MAI.	— Caisse - Frais généraux :	
	Main-d'œuvre pour le nettoyage de la poussinière....	50
31 MAI.	— Marchandises - Cheptel vif :	
	Nourriture de la quinzaine......................	2.900
31 MAI.	— Cheptel vif - Ventes - Caisse :	
	Vente de 1.000 coquelets......................	15.000

Votre journal général devra résumer toutes ces opérations pour
en faciliter le passage au grand-livre. Voici le libellé de ce journal :

1er MARS

| *Cheptel*. .... | 2.500 | |
| *A Caisse* - Achat poussins : 500 à 5 fr............. | | 2.500 |

5 MARS

| *Marchandises*. .... | 3.000 | |
| *A Caisse* - Achat charbon pour la poussinière..... | | 3.000 |

8 MARS

| *Frais généraux*. .... | 10 | |
| *A Caisse* - Correspondance......................... | | 10 |

15 MARS

| *Cheptel*... | 5.000 | |
| *A Caisse* - Achat 1.000 poussins................... | | 5.000 |

20 MARS

| *Frais généraux*. .... | 500 | |
| *A Caisse* - Paille, Désinfectants................... | | 500 |

25 MARS

| *Cheptel*. .... | 5.000 | |
| *A Caisse* - Achat poussins......................... | | 5.000 |

31 MARS

| *Cheptel*. .... | 1.202 | |
| *A Marchandises* - Nourritures du mois............. | | 1.202 |

15 AVRIL

| *Cheptel*. .... | 2.000 | |
| *A Marchandises* - Nourriture de la quinzaine........ | | 2.000 |

15 AVRIL

| *Frais généraux*. .... | 50 | |
| *A Caisse* - Divers................................. | | 50 |

20 AVRIL

| *Marchandises*. .... | 9.000 | |
| *A Caisse* - Achat nourritures...................... | | 9.000 |

30 AVRIL

| *Cheptel*. .... | 1.580 | |
| *A Marchandises* - Nourriture de la quinzaine........ | | 1.580 |

10 Mai

Pertes et Profits 300
    A Cheptel - Poussins morts.................... 300

15 Mai

Cheptel. 2.218
    A Marchandises - Nourriture de la quinzaine........ 2.218

20 Mai

Frais généraux 50
    A Caisse - Main-d'œuvre........................ 50

31 Mai

Cheptel. 2.900
    A Marchandises - Nourriture de la quinzaine........ 2.900

31 Mai

Ventes. 10.000
    A Cheptel - Vente de 1.000 coquelets (prix de revient) 10.000

31 Mai

Caisse. 15.000
    A Ventes - 1.000 coquelets (prix de vente).......... 15.000

Vous avez, opération par opération, reporté vos articles sur votre grand livre.

Celui-ci se trouvera donc au 31 mai libellé de la façon suivante :

Débit	CAPITAL	*Crédit*
	1er Mars par divers ...	124.500

Débit	IMMEUBLES	*Crédit*
1er Mars. à capital..... 40.000		

Débit	MATÉRIEL	*Crédit*
1er Mars. à capital..... 45.000		

Débit	OUTILLAGE	*Crédit*
1er Mars. à capital..... 1.000		

<table>
<tr><td>Débit</td><td colspan="2" align="center">MARCHANDISES</td><td align="right">Crédit</td></tr>
<tr><td>1er Mars. à capital..... 5.000</td><td colspan="3">31 Mars. par cheptel.. 1.202</td></tr>
</table>

Débit	MARCHANDISES		Crédit
1er Mars. à capital.....	5.000	31 Mars. par cheptel..	1.202
5 Mars.. à caisse......	3.000	15 Avril. par cheptel..	2.000
30 Avril. à caisse......	9.000	20 Avril. par cheptel..	1.580
	17.000	15 Mai.. par cheptel..	2.218
		31 Mai.. par cheptel..	2.900
			9.900

Débit	CAISSE		Crédit
1er Mars. à capital.....	30.000	1er Mars. par cheptel..	2.500
31 Mai.. à ventes....	15.000	5 Mars.. par marchandises.......	3.000
		8 Mars.. par frais gén.	10
		15 Mars. par cheptel..	5.000
		20 Mars. par frais gén.	500
		25 Mars. par cheptel..	5.000
		15 Avril. par frais gén.	50
		20 Avril. par marchandises.......	9.000
		20 Mai.. par frais gén.	50
	45.000		25.110

Débit	CHEPTEL VIF		Crédit
1er Mars. à caisse	2.500	20 Mai.. par pertes et profits	300
15 Mars. à caisse	5.000	31 Mai.. par ventes...	10.000
20 Mars. à caisse	5.000		
31 Mars. à marchandises	1.202		
15 Avril. à marchandises	2.000		
20 Avril. à marchandises	1.580		
15 Mai.. à marchandises	2.218		
31 Mai.. à marchandises	2.900		
	22.400		10.300

Débit	FRAIS GÉNÉRAUX		Crédit
8 Mars.. à caisse	10		
20 Mars. à caisse	500		
15 Avril. à caisse	50		
20 Mai.. à caisse	50		
	610		

Débit	VENTES			Crédit
31 Mai.. à cheptel....	10.000	31 Mai..	par caisse....	15.000

Débit	PERTES ET PROFITS			Crédit
20 Mai.. à cheptel....	300			

Vous pouvez à ce moment, faire votre balance provisoire. Pour cela, arrêtez vos comptes au grand-livre, en additionnant vos débits et vos crédits. Votre balance provisoire s'établit ainsi :

NOMS DES COMPTES	TOTAUX		SOLDES	
	DÉBITEURS	CRÉDITEURS	DÉBITEURS	CRÉDITEURS
Capital............		124.500		124.500
Immeubles........	40.000		40.000	
Matériel...........	45.500		45.500	
Outillage..........	4.000		4.000	
Marchandises......	17.000	9.900	7.100	
Caisse............	45.000	25.110	19.890	
Cheptel	22.400	10.300	12.100	
Frais généraux.....	610		610	
Ventes............	10.000	15.000		5.000
Pertes et profits....	300		300	
Totaux...	184.810	184.810	129.500	129.500

Vous faites alors — puisque vos écritures sont exactes (les débits et les crédits étant égaux) — votre inventaire réel. Vous pouvez en effet avoir des manquants en caisse, en magasin, vous pouvez surtout n'avoir pas une valeur d'animaux représentative des aliments et du combustible consommés. Supposez que vous n'estimiez pas vos poulettes restantes à 12.100 francs, solde de votre compte cheptel. Vous porterez alors au crédit de ce compte et au débit du compte profits et pertes, l'article suivant :

31 Mai 1926

Pertes et Profits 500
  A Cheptel - Dépréciation sur animaux.............. 500

D'autres écritures s'imposent : celles qui ont trait aux amortissements et à l'intérêt du capital : votre journal indiquera ainsi ces
opérations :

31 Mai 1926

Résultats de l'Exercice aux suivants................ 4.046,25
  Amortissements - 1/4 des amortissements annuels   1.867,50
  Intérêts sur le Capital - 1/4 de l'intérêt annuel..   2.178,75

Ce compte : *Résultats de l'exercice* 1926, doit enfin se solder
par les écritures suivantes, pour faire ressortir bénéfices ou pertes.

31 Mai 1926

Résultats de l'Exercice aux suivants..... ....   1.410
  Frais généraux pour solder ce compte.............   610
  Pertes et Profits...............................   800

31 Mai 1926

Ventes. 5.000
  à résultats de l'Exercice pour solde de compte ventes   5.000

Passez ces articles de votre journal à votre grand-livre. Les
comptes intéressés seront ainsi modifiés :

Débit	PERTES ET PROFITS				*Crédit*
	Solde précéd'	300	31 Mai..	par résultats.	800
31 Mai..	à cheptel....	500			
		800			

Débit	CHEPTEL				*Crédit*
	Solde précéd'	12.100	31 Mai..	par pertes et profits .	500
				solde........	11.600
		12.100			12.100
	Solde nouv..	11.600			

Débit	AMORTISSEMENTS				*Crédit*
			31 Mai..	par résultats.	1.867 50

Débit	. .	INTÉRÊTS SUR LE CAPITAL		Crédit
			31 Mai.. par résultats.	2.178 75

Débit		FRAIS GÉNÉRAUX		Crédit
	Solde précéd¹	610	31 Mai.. par résultats	610

Débit		VENTES		Crédit
31 Mai..	à résultats...	5.000	31 Mai.. Solde précéd¹	5.000

Débit	RÉSULTAT DE L'EXERCICE		Crédit
31 Mai.. à amortissements et intérêts...... 4.046 25 à frais généraux et per tes......... 1.410	5.456 25	31 Mai.. par vente.... 5.000 31 Mai.. Solde 456 25	5.456 25
Solde nouv.. 456 25			

Vous établissez alors votre bilan :

	ACTIF SOLDES DÉBITEURS	PASSIF SOLDES CRÉDITEURS
Capital initial................		124.500 »»
Immeubles	40.000 »»	
Matériel....................	45.500 »»	
Outillage...................	4.000 »»	
Marchandises...............	7.100 »»	
Caisse.....................	19.890 »»	
Cheptel....................	11.600 »»	
Amortissements		1.867 50
Intérêts....................		2.178 75
Résultats..................	456 25	
	128.546 25	128.546 25

Ce bilan accuse une perte (solde débiteur du compte résultats)
de 456 fr. 25.

Ces chiffres, ces opérations, sont purement imaginaires. Les
élèves ne devront donc pas y chercher autre chose qu'un exemple
de comptabilité.

Nous avons essayé d'être clairs, et, en quelques pages, nous
avons pu, nous l'espérons, vous donner une idée d'une comptabilité
simple d'élevage, parfaitement rationnelle cependant, et permettant
le contrôle permanent de toutes vos valeurs, difficile à faire d'une
autre manière.

Nous n'avons pas fait jouer les comptes de personnes, ayant
supposé chaque paiement au comptant par la caisse. Vous avez vu
plus haut comment joue le compte client X... Il est débité par le
crédit du compte *vente* quand il reçoit la marchandise, et crédité
par le débit du compte *caisse* quand il paie.

Nous n'avons pas fait jouer non plus les comptes de production.

Nous avons, pour simplifier, crédité directement le compte
cheptel par le compte ventes. Les comptes de production n'agissent
en effet que comme intermédiaire entre les poulaillers, la poussinière
et les ventes pour mettre en évidence la production d'œufs, de
poulets, de reproducteurs.

Nous avons été obligés de simplifier cette leçon, notre cours
n'étant pas un cours de comptabilité.

Voici pour la comptabilité générale. Ayez en plus du grand-
livre, du journal, du livre des inventaires, un agenda sur lequel
vous noterez au jour le jour vos opérations — même celles de
faible importance — cet agenda vous servira à établir proprement
votre journal.

Ayez aussi un copie-lettres qui vous servira à copier toute
votre correspondance.

Ce livre —obligatoire d'ailleurs chez les commerçants — est
indispensable, car vous devez toujours savoir ce que vous avez écrit
à vos clients ou à vos fournisseurs, précaution utile en cas de
différend.

LIVRES SPECIAUX

En dehors de ces registres pour l'usage de votre comptabilité
générale, n'oubliez pas de vous munir d'un certain nombre de

registres ou cahiers que vous destinerez à l'inscription des différentes opérations de votre élevage :

Livre d'origine de vos sujets :
Livre d'incubations ;
Livre d'élevage ;
Livre de magasin ;
Livre de formules.

Le livre d'origine est nécessaire surtout dans un élevage de sélection. Il devra porter le plus de renseignements possible sur vos sujets reproducteurs. Voici un modèle simple de la disposition de ce livre (Modèle de la ferme avicole du Tremblais).

DATES DE NAISSANCE des sujets	N° D'ORDRE N° de la bague de poussin.	ORIGINES				N° de LA BAGUE d'adulte	Records de PONTE
		Nom du producteur	Parquet	N° du père	N° de la mère		

Le livre d'incubations donne tous les renseignements concernant chacune de vos incubations :

Courbe de température, courbe hygrométrique, nombre d'œufs mis en incubation (par race et total), nombre d'œufs clairs, nombre de faux germes (notez les numéros des poules ayant produit œufs clairs et faux germes de façon à les éliminer si le fait se reproduit trop souvent où à éliminer le coq si tout un parquet produit régulièrement des œufs mal fécondés), nombre de poussins éclos, marque de ces poussins.

Chaque feuille du livre d'élevage est consacrée à une couvée. Elle permet de la suivre au jour le jour. Indiquez-y le nombre de poussins mis sous l'éleveuse, le nombre de poulettes, de coquelets après triages, les accidents, les décès, les ventes de poussins, les changements de régime.

Le livre de magasin vous renseigne sur les entrées et les sorties de nourritures, de matériel, d'outillage, etc...

Le livre de formules peut se réduire à un petit cahier sur lequel vous inscrivez les formules d'alimentation que vous adoptez.

Ayez enfin un nombre suffisant de classeurs pratiques pour y classer vos lettres, vos factures, et toutes les pièces de votre comptabilité.

Si vous avez une grande exploitation et du personnel, ayez aussi un livre de main-d'œuvre où vous inscrivez heures et jours de travail et leur salaire.

COMMENT ACHETER, COMMENT VENDRE

SACHEZ ACHETER. — Ce savoir peut se résumer en quelques maximes :

Achetez au meilleur prix possible la meilleure qualité possible.

Achetez au moment propice.

N'achetez rien qui ne puisse constituer pour vous une source immédiate de profits.

Limitez vos achats à vos besoins et à vos ressources.

N'achetez pas de matériel bon marché, le bon marché est souvent le plus cher.

Achetez le plus possible en France, et même dans votre région. Vous limitez vos frais de transport et vous favorisez le commerce français.

Cependant si votre intérêt vous commande un achat à l'étranger, faites-le, votre intérêt est aussi l'intérêt national.

Si vous achetez des nourritures préparées, ne les achetez que chez des fabricants sérieux, capables de vous vendre des aliments de qualité.

Ne soyez acquéreur d'aucune nouveauté, sans en examiner la valeur.

Demandez à vos fournisseurs des garanties.

Exigez des remises par quantités.

Demandez beaucoup de catalogues et d'échantillons. Comparez-les.

SACHEZ VENDRE. — Savoir vendre est peut-être encore plus difficile. Etes-vous vendeur d'œufs de consommation? Vendez toujours des œufs très frais. Faites-vous une clientèle directe de consommateurs. Le système de la vente de l'œuf frais par abonnement réussit à quelques grands élevages. Essayez-le. Les Coopératives d'élevage viendront bientôt à votre secours. Dès que vous le pourrez, inscrivez-vous comme membre d'une Coopérative. Celle-ci vous enlèvera le souci de la vente. Triez vos œufs par grosseur. Faites des prix différents suivant leur poids ; vous favoriserez ainsi votre écoulement et ne mécontenterez pas vos clients. Vendez toujours des œufs propres.

Si vous avez la vente directe au consommateur, marquez vos œufs avec un timbre en caoutchouc au nom de votre élevage, et à la date du jour de ponte. Cette garantie est précieuse pour le client qui vous en saura gré. Emballez bien vos œufs, soit dans des caisses par couches séparées par un épais lit de paille, soit dans des boîtes de carton ondulé que vous trouvez dans le commerce, et dont la compartimentation évite toute casse.

La publicité d'une ferme de pondeuses doit être réduite. Elle se limite à quelques milliers de circulaires à envoyer à vos clients possibles : pensions, familles nombreuses, médecins, sages-femmes, hôpitaux, dispensaires, restaurants-hôtels, etc... Faites passer quelques annonces dans les journaux locaux. Placez quelques affiches. Une publicité plus importante peut être faite dans certains journaux de mode si vous produisez une quantité considérable d'œufs. Ne vendez pas aux halles par l'intermédiaire d'un mandataire. Les frais de cette opération ne seraient pas couverts. N'ayez pas recours non plus aux marchands ramasseurs d'œufs qui vous prendraient votre bénéfice.

Si vous produisez des volailles de table, procédez de même. Ayez des sujets bien en chair, bien présentés, bien emballés. Classez vos volailles par catégories, par grosseur. Etiquettez soigneusement vos colis. Indiquez sur chacun d'eux le nombre de sujets, leur poids total.

Si vous faites des envois en gros, accompagnez chaque expédition d'un bordereau. Ne négligez pas l'envoi de la facture en même temps que l'envoi des colis. Cette facture doit porter la mention « Payé » et le timbre acquitté si vous avez été payé d'avance, le mode et l'époque du paiement si vous ne l'avez pas été.

Vente de l'œuf à couver. — Si vous avez un élevage de sélection, la vente de l'œuf à couver s'impose. Faites une publicité importante dans les journaux avicoles. Aucune vente ne doit appeler davantage votre attention car le transport de l'œuf à couver est délicat. Soyez de bonne foi. Assurez la fécondation de vos œufs le plus consciencieusement possible. Ménagez donc la vitalité de vos reproducteurs.

N'expédiez que des œufs frais pondus, soigneusement emballés. Garantissez autant que possible la bonne arrivée de vos œufs et leur fécondation. Faites-vous retourner les œufs clairs et les œufs cassés. Prenez à votre charge une partie ou la totalité des risques, ou bien livrez 15 œufs pour 12, les 3 œufs supplémentaires couvrant ces risques. Emballez vos œufs avec soin dans les emballages spéciaux vendus dans le commerce. Etiquetez soigneusement vos boîtes. Doublez vos emballages pour les transports lointains ou les trajets complexes. Indiquez en gros caractères sur vos étiquettes la nature du contenu.

Vente de poussins. — Le poussin d'un jour voyage mieux que l'œuf à couver. Il nécessite un emballage spécial constitué par une boîte en bois ou en carton ondulé, dont les coins ont été effacés par une planchette ou un cercle de carton. Des trous d'aération sont pratiqués dans ces boîtes. Une litière de papier ou d'ouate absorbe les déjections et conserve la chaleur qui manque d'ailleurs rarement à 12 ou 24 poussins pelotonnés les uns contre les autres. Faites pour vos poussins la même publicité que pour vos œufs à couver. Apportez les mêmes soins à l'expédition.

Les reproducteurs de 3 mois à l'âge adulte se vendent par les mêmes moyens. Ne vendez que de beaux sujets. Fournissez les pédigrées si vous les possédez. N'annoncez pas de fausses origines. Ne vendez pas des sujets sans origines au prix fort et vendez les sujets les meilleurs à des prix raisonnables.

Le public se lassera de payer des prix exhorbitants des sujets qui ne répondent pas toujours à ce qu'il désire. Cherchez à produire toujours plus, pour vendre beaucoup et pour vendre de bons sujets à des prix modérés. C'est là le secret de la réussite. Etablissez bien cependant vos prix de revient et vendez avec un bénéfice suffisant.

La vente des œufs à couver, des poussins, des reproducteurs, peut laisser un bénéfice intéressant si cette vente est bien comprise si vous avez une publicité bien faite, si vous savez retenir une clientèle qui paie toujours bien. A vos débuts, consultez-nous. Le Collège d'Aviculture vous guidera dans vos achats et dans vos ventes. Il vous indiquera la meilleure publicité.

OPEREZ DES RENTREES REGULIERES D'ARGENT

Lorsque vous avez adopté avec quelques clients l'usage des paiements à terme, c'est-à-dire à une échéance plus ou moins éloignée, envoyez régulièrement vos relevés de comptes, indiquant la date et le mode de paiement accepté.

Ne faites d'ailleurs de marchés à terme qu'avec les clients que vous connaissez ou que vous savez solvables. Vendez le plus possible au comptant.

Envoyez vos marchandises contre mandat ou remboursement aux clients que vous ne connaissez pas.

Prenez un compte de chèque-postal et demandez à vos clients de l'utiliser pour leur paiement. Vous simplifierez ainsi leur tâche et faciliterez vos rentrées de fonds.

Payez vous-même, très régulièrement vos fournisseurs. Une maison de commerce honnête et loyale possède les plus grandes chances de prospérité.

LE PERSONNEL DANS UNE GRANDE FERME
DE PONDEUSES

Si vous pouvez aisément faire tout vous-même ou avec un seul aide dans une ferme de 1.000 pondeuses, il vous faut songer, si vous avez une exploitation plus importante, à vous assurer la collaboration d'un personnel d'élite.

Ce personnel doit être plus considérable si vous faites de la sélection.

Occupez-vous vous-même de votre comptabilité, de votre correspondance, de vos achats, de vos ventes et, si vous avez assez de temps, de vos incubations. Réservez-vous la direction de votre sélection. Votre travail ne doit pas cependant vous absorber au point de ne pouvoir surveiller et vous rendre compte de ce qui se passe dans chaque service.

Si votre exploitation est très importante et que vous ayez d'autres occupations en dehors de votre élevage, ayez un directeur technique que vous chargerez de la sélection, des incubations, de la surveillance de votre élevage. Soyez en rapport constant avec lui. Si vous ne faites aucune sélection vous-même, le directeur est inutile. Vous devez toujours en effet vous réserver la partie commerciale.

Pour vos pondeuses ayez un homme pour 1.000 poules. Pour vos reproducteurs un homme pour 500. Ayez un homme ou une femme à la poussinière. A « Lafayette Poultry Farm », le chef de l'élevage des poussins avec un aide, soigne de 5 à 6.000 poussins. La préparation de nourriture et les grands nettoyages doivent être assurés par un homme. Ayez dans une grande exploitation un menuisier pour les réparations et la fabrication des emballages.

Ne prenez que le personnel nécessaire. Munissez votre élevage d'un outillage moderne afin d'économiser la main-d'œuvre. Faites des canalisations d'eau pour en éviter le transport. Servez-vous, si vous le pouvez largement de la force motrice pour la préparation de vos nourritures et votre atelier de menuiserie.

Si vous avez une exploitation modeste, contentez-vous du personnel indispensable et mettez vous-même la main à la pâte.

COMMENT CONDUIRE LE PERSONNEL

Rétribuez suffisamment votre personnel pour qu'il vive honorablement et ne soit pas tenté de trouver ailleurs ce qu'il n'a pas chez vous. Intéressez votre personnel dirigeant (directeur technique, aviculteur, directeur commercial), votre affaire n'en sera que mieux menée. Intéressez votre basse-courrier si vous n'avez que lui. Donnez à votre personnel des avantages en nature autant que cela vous sera possible (le logement, le chauffage, l'éclairage, une part sur les produits de l'élevage). Donnez quelquefois des encouragements pécuniaires (pourboires, étrennes, gratifications aux employés diligents). Vous vous attacherez ainsi un personnel dévoué.

Soyez indulgent aux premières défaillances. Ne renvoyez pas un employé qui a commis une faute si la faute est légère et si cet employé est d'habitude un bon employé. Ne punissez pas en infligeant des amendes, vous n'en avez pas le droit. Une observation de votre part — si vous savez garder vos distances et votre autorité — doit suffir.

Cependant ne faiblissez pas. Un trop grand nombre d'observations doit provoquer le renvoi de l'employé mauvais.

Ne pardonnez jamais une faute d'intempérance répétée, non plus que le vol, les mauvais exemples, la paresse, l'inconduite.

Faites preuve d'autorité, mais d'autorité paternelle. Gardez avec vos employés une certaine réserve ; ne vous permettez aucune familiarité, surtout avec les employés d'un sexe différent du vôtre.

Mais sachez vous faire aimer de tous, en ayant des prévenances pour chacun. Ne refusez pas une faveur méritée, un congé gagné, un repos nécessaire. Payez vos employés pendant les quelques jours de congé annuel qu'il est bon de leur accorder ; aidez-les dans la mesure du possible s'ils tombent malade, s'ils sont chargés de famille.

Donnez à leur habitation un aspect gai, entourez-la d'un jardin. Donnez à l'intérieur le plus de confort que vous pourrez. Il serait désirable que vous puissiez faire une installation de bains ou de douches dans votre domaine si vous ne pouvez le faire dans chaque habitation et que vous soyez éloigné de la ville.

L'hygiène de votre personnel est aussi précieux que l'hygiène de vos volailles. Point n'est besoin d'ailleurs d'installation luxueuse. Confort n'est pas luxe.

Pour vous procurer du personnel, ayez recours aux petites annonces des journaux techniques (*Vie à la Campagne, Jardins et Basses-Cours, Acclimatation.* etc...) Demandez des références. Prenez des renseignements. Exigez de l'employé postulant qu'il vienne s'entendre avec vous de vive voix. Vous vous entretiendrez mieux, et ni l'un ni l'autre, vous n'aurez de surprises. En ce cas, payez le déplacement de l'employé.

Prenez toujours ses frais de déplacement à votre charge.

CAUSES DE SUCCES ET D'INSUCCES

PRUDENCE ET HARDIESSE

TRAVAIL — ECONOMIE — ORDRE — METHODE

Si vous suivez à la lettre les méthodes que nous vous avons enseignées, vous avez en mains bien des chances de succès.

Cependant, il est des qualités personnelles qui ne s'enseignent pas. Si vous ne possédez pas ces qualités, si vous n'avez pas la volonté de les acquérir, vous ne pouvez songer réussir.

Beaucoup de gens disent : « J'ai fait tout ce qu'il fallait faire et je n'ai pas réussi, je n'ai pas de chance ».

Certes, il ne faut pas nier une certaine part de chance ou de malchance dans le sort qui nous conduit. Mais nous pouvons beaucoup augmenter ou diminuer cette part par les qualités ou les défauts que nous possédons.

L'Aviculture est un métier délicat qui demande une attention de tous les instants, une persévérance à toute épreuve en plus de connaissances approfondies de la technique du métier.

Il vous faut avant tout être *prudent*. La prudence est la mère de l'aviculture ! Débutez en petit ; marchez pas à pas. Il faut avant de courir, apprendre à marcher, et avant de marcher, nous allons parfois bien longtemps à quatre pattes.

Ce sont ceux qui marchent longtemps à quatre pattes qui ont les jambes les plus solides. Soyez prudents, vous ne le serez jamais trop. Tous les éleveurs qui n'ont pas réussi et qui, cependant connaissaient leur métier, ont manqué de prudence. Ce n'est pas parce qu'une poule peut vous donner 100 poussins par an, qu'il faut centupler chaque année votre troupeau. Ne multipliez pas : additionnez et si votre addition vous semble encore un peu longue, n'hésitez pas à soustraire.

Ne faites pas une publicité coûteuse pour annoncer ce que vous n'avez pas, dans le but de faire croire que vous prospérez. Vous ne tromperez personne. Un élevage se voit, se visite : On saura bien vite que vous « bluffez ». Le bluff a fait plus de mal à l'aviculture que toutes les mauvaises méthodes d'avant-guerre. Soyez des éleveurs sérieux, honnêtes, avant tout.

Ne tentez aucune spéculation nouvelle sans l'étudier convenablement. Commencez doucement tout ce que vous ne connaissez pas bien. En forgeant on devient forgeron. Vous n'êtes pas aviculteur, vous le serez quand vous aurez des années d'expérience, quand vous aurez beaucoup forgé de nombreuses générations de poulets.

Soyez économe : Faites ce qu'il faut, mais juste ce qu'il faut. Ne construisez rien, n'achetez rien d'inutile.

Ayez de l'*ordre*, de la *méthode* : Faites chaque chose en son temps, réservez un temps pour chaque chose.

Tracez avec soin votre travail de chaque jour. Limitez votre journée de travail, le surmenage tue l'exploitation avant l'homme, car l'homme surmené n'est plus maître de lui-même, ni de ce qu'il fait.

Relisez souvent votre cours.

Lisez tout ce qui intéresse l'aviculture : livres, journaux, revues.

Un aviculteur à la page, sachant discerner ce qui est bon dans ce qu'il lit, est un aviculteur qui acquiert chaque jour une plus grande valeur.

Nous espérons que vous aurez fait de ce cours votre profit et il ne nous reste plus, cher élève, qu'à vous souhaiter bonne chance.

Questionnaire

1. Vous disposez de 120.000 francs. Vous organisez une ferme avicole pour la production du poulet gras. Quelles opérations comptables faites-vous sur vos livres au début de votre exploitation et avant toute transaction ?

2. Etablissez le bilan imaginaire d'une ferme de canards pour l'engraissement.

3. Rédigez une circulaire à vos clients pour leur annoncer que votre élevage de sélection va se livrer à la vente de l'œuf de consommation.

4. Comment logeriez-vous le personnel d'un établissement de ponte, personnel comprenant : Un directeur marié, deux basse-couriers, dont un basse-courier marié ? Faites un plan de ces habitations. Comprenez-y votre bureau. Situez ces immeubles dans votre élevage.

BIBLIOGRAPHIE FRANÇAISE ET ETRANGÈRE

Périodiques Français

L'Acclimatation (hebd.) Journal des éleveurs, 46, rue du Bac, PARIS.
L'Agriculture Nouvelle (bi-mensuel), 18, rue d'Enghien, PARIS.
L'Aviculteur Français, 8, Faubourg Montmartre, PARIS.
      (recommandé).

Bulletin des Halles (quot.), 33, rue Jean-Jacques Rousseau, PARIS.
Bulletin de la Société des Agriculteurs (mens.), 8, rue d'Athènes, PARIS.
Bulletin du Syndicat central des Agriculteurs (bim.), 42, rue du Louvre, PARIS.
La Chasse Illustrée (bi-mens.), 28, rue de la Trémoille, PARIS.
Le Chasseur Français (mens.), SAINT-ETIENNE (Loire).
Jardins et Basses-Cours (mens.), 79, boulevard Saint-Germain, PARIS.
      (recommandé).

Journal d'Agriculture pratique (hebd.), 26, rue Jacob, PARIS.
Le Petit Journal Agricole (hebd.), 61, rue La Fayette, PARIS.
Le Petit Fermier (bi-hebd.), 5, place du Corbeau, STRASBOURG.
Le Progrès Agricole (hebd.), AMIENS.
Le Réveil Agricole (hebd.), MARSEILLE.
Revue de Zootechnie (mens.), 24, rue de Londres, PARIS.
Revue Avicole (mens.), 34, rue de Lille, PARIS.
      Organe de la Société Centrale d'Aviculture (recommandé).
Revue Avicole Nord-Africaine, 82, rue Annibal, TUNIS.
La Vie à la Campagne (mens.), 79, boulevard Saint-Germain, PARIS.
      (recommandé).

La Vie aux Champs (bi-mens.), 22, rue d'Anjou, PARIS.
La Vie Agricole et Rurale (hebd.), 19, rue d'Hautefeuille, PARIS.
Toute la Basse-Cour (mens.), 58, rue Claude-Bernard, PARIS.

Périodiques Etrangers

Avicultura, GROUINGEN (Hollande).
Avicultura (mens.), 14, rua da Quitanda, RIO DE JANEIRO (Brésil).
L'Aviculture Pratique et Sportive (hebd.), CORSEAUX-VEVEY (Suisse).
Basse-Corte, GENOVA (Italie).
La Basse-Cour (mens.), 317, rue Saint-Joseph, QUÉBEC (Canada).
Chasse et Pêche, 1, avenue de la Toison d'Or, BRUXELLES.
The Fent Hered World (hebd.), 9, Arundel Street-Straxd, LONDRES.
Mundo Avicola (mens.), Arenys de Mar, BARCELONE (Espagne).
Nos Campagnes (bi-mens.), 1, avenue de la Toison d'Or, BRUXELLES.
The National Poultry Journal (hebd.), Organe de la National Utility poultry
      Society, 3, Vincent Sgr, Q. W. I., LONDRES.
The Poultry Success (mens.), Springfield, OHIO (Etats-Unis).

PRINCIPAUX OUVRAGES EN LANGUE FRANÇAISE

Librairie Agricole de la Maison Rustique, 26, rue Jacob, Paris

L. BRECHEMIN : *Les Poules.*
    id.   *Monographies des races de poules.*
    id.   *Pigeons, Pintades, Dindons, Oiseaux de Faisanderie.*
    id.   *Palmipèdes et Lapins.*
    id.   *L'Elevage Moderne et l'Industrie du Lapin.*
    id.   *Poussins et Poulets.*
    id.   *La Poule qui pondra 300 œufs par an.*
Ad. J. CHARON : *Poules qui pondent, Poules qui paient.*
G. MOUSSU : *Les principales maladies des habitants de la Basse-Cour.*

J.-B. Baillère et Fils, 19, rue d'Hautefeuille, Paris

P. DIFFLOTH : *Les Méthodes Modernes en Aviculture.*
Ch. VOITELLIER : *Aviculture.*
    id.   *Les Races de Poules.*
Rémy SAINT-LOUP : *Les Oiseaux de Parcs et de Faisanderies.*
A. BLANCHON : *Canards, Oies et Cygnes.*
C. ARNOULD : *La Basse-Cour.*
LACROIX-DAULIARD : *La Plume des Oiseaux.*
H. MOREAU : *L'Amateur d'Oiseaux de volière.*
CHENEVARD : *Alimentation rationnelle des volailles.*
    id.   *Maladies des volailles.*
RODILLON : *Guide pratique de la Basse-Cour moderne.*
A. DUCLOUX : *La Basse-Cour.*
Ch. CORNEVIN : *Les Oiseaux de Basse-Cour.*

Hachette et Cⁱᵉ, 79, Boulevard Saint-Germain, Paris

NUMÉROS EXTRAORDINAIRES DE « *Vie à la Campagne* »

1. *Toutes les races de poules.*
2. *Oies et Canards.*
3. *Le parfait Vétérinaire de la Basse-Cour.*
4. *Basses-Cours et Fermes de grandes pondeuses.*
5. *Basses-Cours de bon rapport.*
6. *Equipement et outillage des Basses-Cours d'aujourd'hui.*
7. *Poulets, Poulardes et Chapons.*

Librairie des Sciences Agricoles, 11, rue de Mézières, Paris

M. DUBOURDIEU : *La Sussex.*
A. BLANCHON : *L'Industrie du Canard.*
A. BLANCHON et DELAMARE DE MONCHAUX : *Toutes les poules et leurs variétés.*

Librairie Bornemann, 15, rue de Tournon, Paris

J. RODILLON : *La Basse-Cour modèle.*

Librairie Agricole, 35, rue des Petits-Champs, Paris

PULINCKX-EMAN : *Les races de poules par l'image. — Manuel d'Aviculture.*
CARPIAUX : *Traité complet d'Aviculture.*
R. REMY : *Le Guide de la Basse-Cour.*
DEVAUX : *Manuel de l'Aviculture.*
E. GAYOT : *Poules et Œufs.*
Mme MILLET-ROBINET : *Basse-Cour, pigeons et lapins.*
ROULLIER-ARNOULT : *Incubations et élevage artificiels des volailles.*
J. PELLETON : *Pigeons, Dindons, Oies et Canards.*
A. MERCIER : *Maladie des Oiseaux de Basse-Cour.*
CH. JACQUES : *Le Poulailler.*

PRINCIPAUX OUVRAGES EN LANGUE ANGLAISE

———

Librairie du Poultry-Success, Springfield, Ohio (Etats-Unis)

Poultry common sense.
Poultry illustrations colred.
Ouck culture, by James ROUKIN.
Poultry Deseases and their remedies.
Secrets of success with baby chicks, by CAMPBELLE L. CORY.
All about Indian Rurmer Ducks, by Urs. TEASLEY.
Tourn lot poultry keeping, by O. D. CAVANONGH.
Uys to date poultry houses and appliances.
Artificial Ligth to increase Winter egg production, by W. CURTIO.
How to feed Poultry, by J.-H. ROBINSON.
How to build Poultry Houses.
Money in hens, by K. BOYER.
Poultry Breeding and Management, by Prof. DRYDEN.
Profits in Poultry Keeping solved.
Profitable Culling and selective flock Breeding.
Succespub Backyard poultry Keeping.
The production of 300. Eggers and Better, by ATKINSON and GRANT CURTIS.

The National Utility Poultry Society, 3, Vincent Square, W. S. W. I., Londres

H. A. HUSSEY : *Notes on poultry foods.*
W. POWEL AWEN : *Modern Methods of poultry.*

———✦———

www.ingramcontent.com/pod-product-compliance
Ingram Content Group UK Ltd.
Pitfield, Milton Keynes, MK11 3LW, UK
UKHW022319170726
13837UKWH00005BA/2069